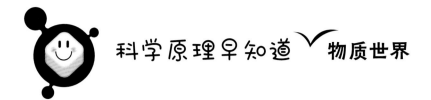

科学原理早知道 物质世界

世界上最小的 颗粒

[韩]表淳国 文
[韩]洪智慧 绘
祝嘉雯 译

U0194380

化学工业出版社
·北京·

这是一个阳光明媚的春天。

松松和弟弟正在一起帮爸爸洗车。

用抹布擦去了灰尘后，汽车看起来干净如新，闪闪发光。

松松在认真观察了车子每个角落后问道：

"爸爸，制造一辆汽车需要哪些东西呀？"

"需要的东西可多啦。

想和爸爸一起去看看汽车是怎样生产出来的吗？"

"好呀，好呀。"

汽车是由许多零部件组成的。 1

"制造汽车的时候，需要把各种零件组装在一起。

比如，能使汽车动起来的汽车发动机，还有车身、轮胎、车窗等。

一辆汽车的诞生，需要 2 万多个零件呢。"

"哇，那么多啊？"

松松又对汽车的零件是怎么生产出来的产生了兴趣。

"那汽车零件是由什么制成的呀？"

"有些是用铁或橡胶，也有用塑料或皮革的，还有布啊，玻璃等。"

塑料
用于制造灯箱、仪表板、前后视镜的盒子、把手等。

橡胶
用于制造轮胎，还有各种用于连接的管子等。

2

玻璃
用于制造前后以及两侧
的车窗、前后视镜等。

布
用于制造安全带、座椅等。

皮革
用于制造座椅,
还有方向盘的
保护套等。

铁
用于制造汽车车身、轮轴、发动机,
以及各种螺丝钉和弹簧等。

汽车的零部件是由许多不同的物质组成的。 3

"这么多物质都是从哪里得到的呀？"
"获取物质的方法大致可以分为两种。
一种是从大自然中获取。
像我们日常吃的谷物、水果和肉类这些食物，
还有石头、树木、水、铁等，都是来自大自然哦。"

谷物

蔬菜水果

石头

肉类

水

树木、花草

天然物质

从大自然中获取
的物质

"那另一种方法呢？"

"另一种是人工合成物质的方法，就是把各种物质混合到一起，或者通过加热来制取新的物质。

像塑料、合成洗涤剂、合成橡胶等，就是无法从大自然中直接获取的东西。"

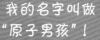

日常生活中到处都有天然物质与人工合成物质，找一找家里都有哪些物质吧。

我的名字叫做"原子男孩"！

合成洗涤剂

玩具

超强去污力

肥皂

清新怡人

塑料、化学物质

人工合成物质

人工合成物质

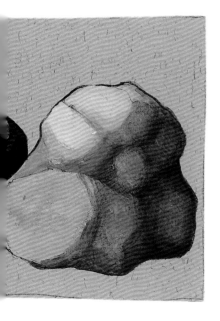

"你知道把这些东西分解得很碎很小后，会剩下什么吗？"

"这个嘛，大概会剩下一些很小的颗粒吧。"

"对了。非常非常小，小到我们的肉眼都看不见它们。我们把这种能够保持物质化学性质的微小颗粒叫做'分子'。"

乖，原子男孩。要和你的原子朋友们相亲相爱，这样才能尽快成为像我一样英俊潇洒的"分子"哦。

分子哥哥，您好！

把物质分解到很小很小，我们就可以得到一种能够保持物质化学性质的小颗粒。这种颗粒叫做分子。

"把水分解到很小很小的话，就能得到水分子吗？"

刚喝完水的松松向老爸问道。

"对呀。其实水就是水分子们的大集合哦。你知道水分子又是由什么构成的吗？"

"分子不是最小的颗粒吗？难道还能继续分解下去？"

"哈哈哈。当然还有比分子更小的颗粒啦。分子是具有该物质化学性质的最小颗粒，继续分解下去的话，就会得到一种性质几乎完全不同的微小颗粒。这种粒子叫做'原子'。

水分子就是由一个氧原子和两个氢原子组成的。"

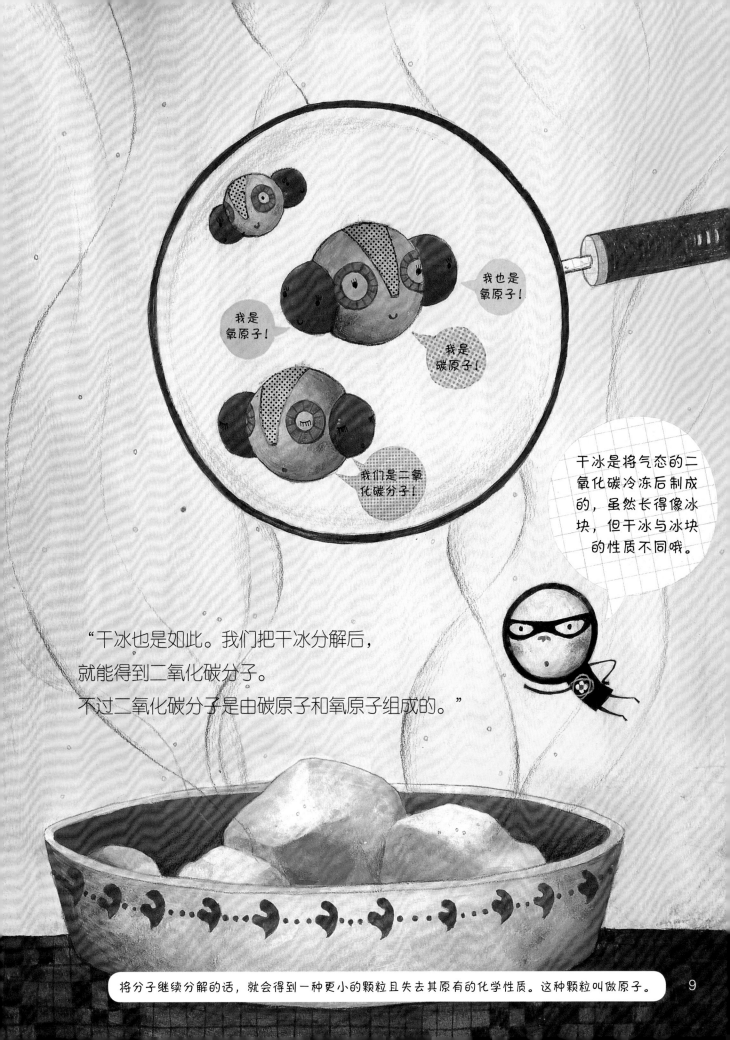

"干冰也是如此。我们把干冰分解后，
就能得到二氧化碳分子。
不过二氧化碳分子是由碳原子和氧原子组成的。"

"还想知道其他物质的分子和原子。"

"那我们就来看看铅笔芯吧。铅笔芯由石墨制成。

如果将石墨一直分解下去，就能得到具有石墨特性的分子。

这种石墨分子是由碳分子组成的。"

"您刚才不还说碳是组成二氧化碳分子的原子吗？"

松松疑惑，为什么碳是一个分子呢？

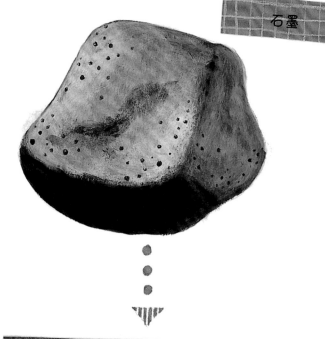

石墨

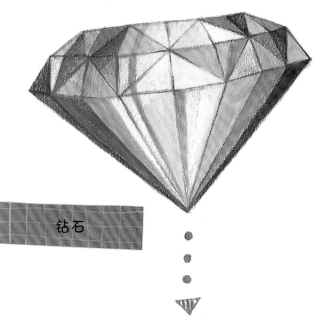

钻石

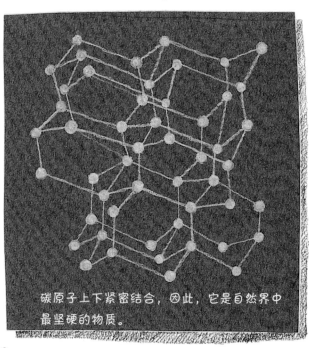

碳原子上下紧密结合，因此，它是自然界中最坚硬的物质。

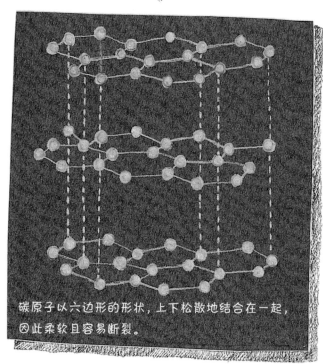

碳原子以六边形的形状，上下松散地结合在一起，因此柔软且容易断裂。

"那丁烷气体呢？"

便携燃气灶正在"滋滋"地烤着肉，松松指着它的燃料问道。

"丁烷气体的分子是由碳原子和氢原子组成的。"

由于气体分子在空气中扩散，我们用肉眼是看不见它们的。

两个氮原子构成了氮分子，氮分子组成了空气中的氮气；两个氧原子构成了氧分子，氧分子组成了空气中的氧气。

探寻原子与分子

科学家们一直在努力探究原子和分子的性质。

元素是无法被再分解的物质。

英国科学家波义耳首先使用了元素这个词。

氧气、氢气和氮气等气体都是元素。

法国科学家拉瓦锡通过实验发现并命名了几种气态元素。

原子是无法被再分解的粒子。

英国科学家道尔顿确立了原子的性质。

分子是由多个原子组成的一种新的基本粒子。

意大利科学家阿伏伽德罗确立了分子的性质。

原子是由原子核和电子组成的。

英国科学家卢瑟福确立了原子的结构。

氢写作 H，氧写作 O，氮写作 N。

瑞典科学家贝采尼乌斯制定了元素符号。

元素周期表是根据元素的一定规律进行排序的。

俄罗斯科学家门捷列夫总结出了元素之间的规律。

原子是个小宇宙

原子由原子核和电子组成。
原子核带正电，电子带负电，
两者强烈地相互吸引。
原子核位于原子的核心部分，
电子则围绕着原子核做绕核运动。

原子内部结构就像太阳与围绕着太阳旋转的行星一样。
因此，人们称原子的内部结构就是一个小宇宙。

 质子

 中子

 电子

松松夹起烤肉蘸了点盐问道：

"把这盐分解到很小很小以后，是不是也会变成盐分子？"

"不会，盐分解之后可不是盐分子哦。"松松眨了眨眼，有些疑惑。

物质从何而来

　　地球上所有的东西在被不断分解之后，都会变成几种基本的物质，这些物质叫做元素。比如氧、氢、氮、铁、铜、硼、钠、钾、铝、氯等。截止到 2019 年，共有 118 种元素被发现。这 118 个元素，根据它们聚集在一起的数量不同，就能制造出各种不同的东西。随着科学的发展，人们还将发现更多新的元素。你说未来还会有多少种元素被发现呢？

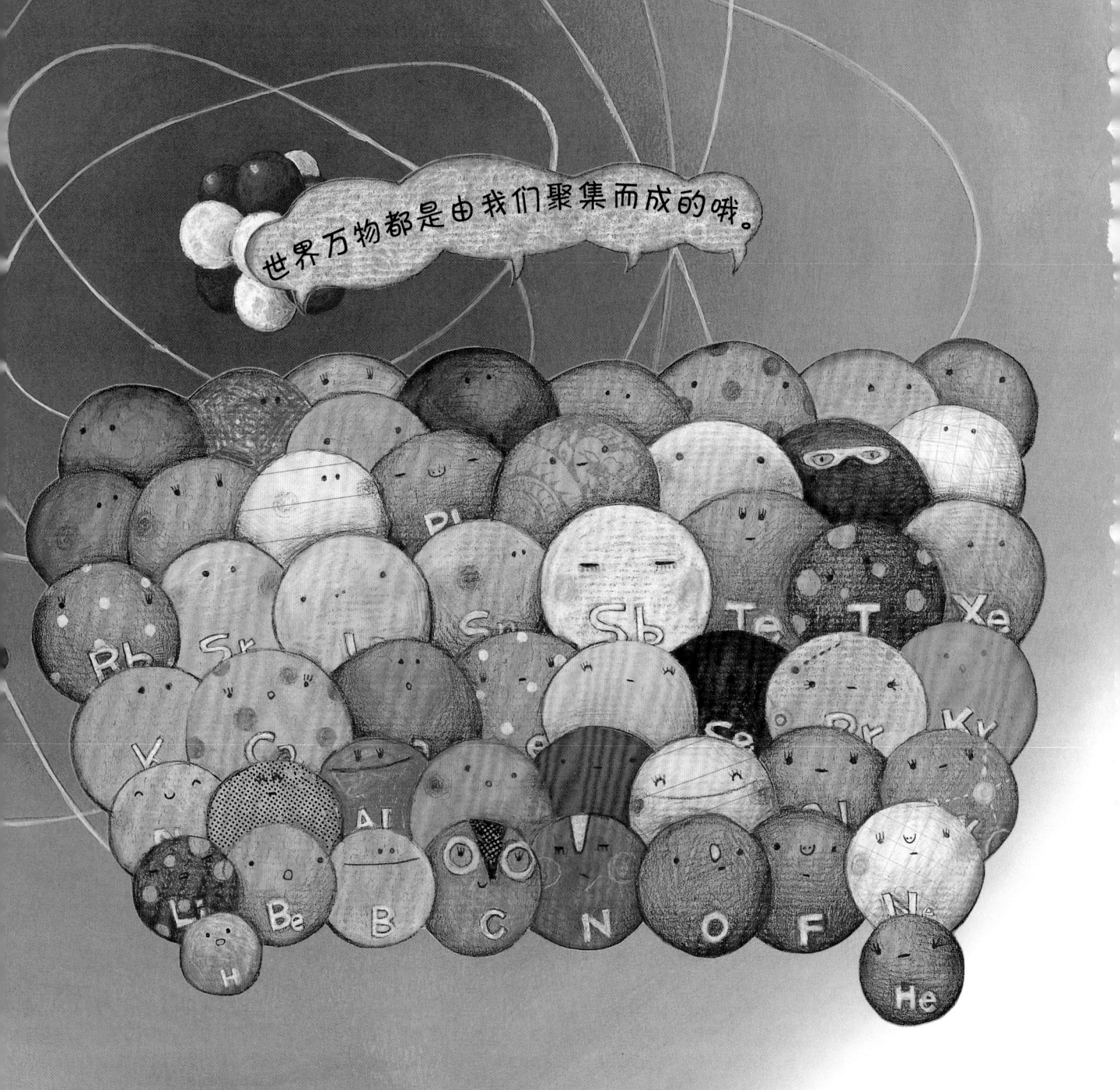

世界万物都是由我们聚集而成的哦。

下午，我们一家来到门口等着接妈。

"爸爸，空气中也有分子吗？"

你们一刻也离不开我们的分子，一刻也离不开。

"当然啦，空气中有很多分子。"

这些气体大部分以分子形式存在的。

比如空气中最常见的氮气和氧气。

每个臭氧分子都由一个氧分子，都由3个氧原子组成了臭氧。

每个臭氧分子都由一个氧分子，都由3个氧原子组成了臭氧。

原子与分子的发展历史

人们从很久以前就在一直努力地想要弄清楚物质的构成。
2700 年前的希腊人就已经在思考，
世界万物的本源究竟是什么了。

构成世界的本源是水。

泰勒斯认为"水是万物之源"。
也有人认为是空气，还有人认为
是火和土。

宇宙是由火、气、土、水组成的。

亚里士多德主张"宇宙是由火、气、
土、水四种元素组成的"。

此后，有越来越多的人试图寻找出物质的本源。
尤其是那些炼金术士为了制造出黄金，做了非常多关
于探究物质本源的实验。

要是能知道物质的本质是什么，
我就能冶炼出黄金啦。

"大多数情况下，物质是由分子组成的，而分子是由两种或两种以上的原子构成的。但石墨是个例外哦，它由单一的碳元素组成。所以石墨中的碳呀，既是原子又是分子。"

"碳可真有意思。"

"对呀，它可神奇了。碳元素不仅能组成石墨，就连珠宝中的翘楚——钻石也是由碳元素组成的哦。"

这个嘛，虽然都是由碳元素组成的，但你看它们的颜色还有价格都不一样，你不觉得是妈妈吃亏了吗？

妈妈，听说石墨和钻石都是由碳元素组成的，我用这个铅笔换您的钻戒好不好呀？

同一类原子的总称叫做元素。由同一种元素组成的物质叫做单质，比如石墨和钻石。

钻石还有铅笔芯的原材料——石墨，都是由碳元素组成的。

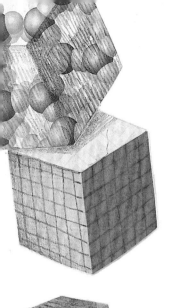

"盐是由钠原子和氯原子组成的。

它们聚集在一起就形成盐块。一个氯原子能与周围的数个钠原子结合，一个钠原子同样也能与周围的数个氯原子结合在一起。"

"那是不是就不能分解出原子了呀？"

"确实是这样，不过要是将盐溶解在水中的话，钠原子和氯原子就会散开，这时它们就都变成了带有电荷的小颗粒。像这样在水中溶解后成为了带电荷的粒子，我们就将其称为'离子'。"

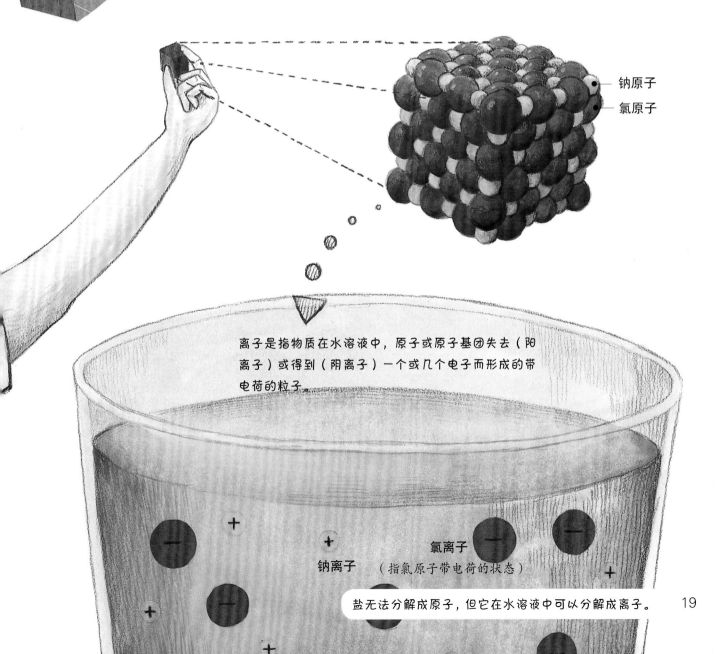

—— 钠原子

—— 氯原子

离子是指物质在水溶液中，原子或原子基团失去（阳离子）或得到（阴离子）一个或几个电子而形成的带电荷的粒子。

氯离子

钠离子 （指氯原子带电荷的状态）

盐无法分解成原子，但它在水溶液中可以分解成离子。

回家的时候，松松坐在车上问道：

"汽车轮胎是用从橡胶树中提取出来的橡胶汁液制成的吗？"

"轮胎是由人工合成的橡胶制成的。人工合成的橡胶是人们仿照天然橡胶制造出来的一种新材料，它们的分子是由成千上万个原子聚合而成的。人们把这种分子称为'高分子化合物'。"

天然橡胶的触感是柔软且有弹性的，用刀划时会留划痕。它是用橡胶树的汁液制成的。

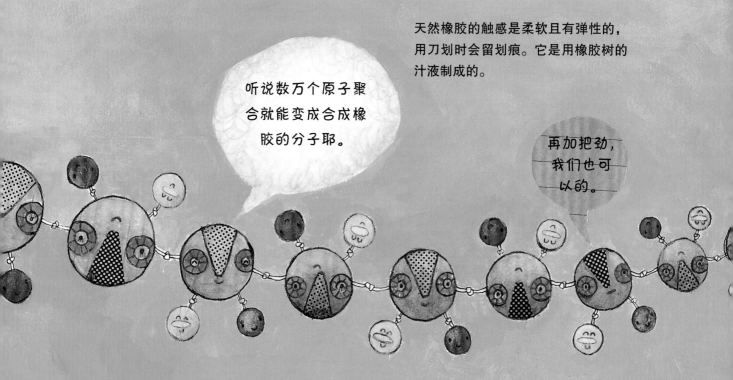

听说数万个原子聚合就能变成合成橡胶的分子耶。

再加把劲，我们也可以的。

分子是由一个以上的原子结合而成的。
有些分子是由数万甚至几十万个原子组合而成
的，这类分子被称为"高分子"。
纤维素、淀粉、蛋白质、合成橡胶、合成纤维，
还有各种塑料，都是由高分子聚合而成的。

距离我们变
成分子还要
多久呀？

有些分子需要成千上万个原子聚合，这种分子叫做高分子。

如果说一个高分子是由成千上万个原子聚合而成的话，
那原子究竟有多大呢？

"爸爸，一个原子有多大呀？"

"一个氢原子的大小约为一亿分之一厘米，
也就是说1亿个氢原子排在一起也才只有1厘米哦。
要是将1个氢原子放大到手球那么大，
那按照比例的话，手球就是地球那么大了。"

氢原子小到根本无法
被我们握在手里。

原子小到我们的眼睛根本看不见它。 23

"当原子聚集在一起的时候，会自动结合成分子吗？"
松松对原子的结合感到十分好奇。

"原子结合形成分子，又或是分子分离成原子，
在这一过程中都需要能量。
有时需要吸收能量，有时是释放能量。
比如说原子分裂的时候，
就会释放出巨大的能量。"

"是叫'原子分裂'吗？"

"是的。铀原子裂变时，
能够爆发出足以炸毁一座城市的能量。"

"小小的原子实在太厉害了！"

原子由原子核和电子组成。原子核是通过一股很大很大的力量结合在一起的，当原子核分裂或与其他原子核结合时，它就会释放出巨大的能量。原子弹就是利用了这种能量。要知道一枚原子弹的爆炸可以在瞬间毁灭数千万生命，并摧毁整座城市。

原子弹的恐怖力量

1945 年 8 月，原子弹被投掷在了日本广岛和长崎。将近有 9 万人死于这场爆炸，还有 15 万多人受伤，超过 8 万幢建筑物被摧毁。两座城市都变成了废墟。在这次原子弹爆炸之前，人们都不知道原子弹竟然有这么大的威力。原子弹就是利用了铀或钚这类放射性元素的原子核在分裂时所产生的能量。

原子核分裂时会产生巨大的能量。

"这种原子能的利用，在我们生活中随处可见。核电厂利用原子能来为我们提供所需的电力，而医院则将原子能用于各种医疗设备。"

"这看不见的小小颗粒竟然蕴含着这么强大的力量，实在太惊人了。"

关于这个世界上最小颗粒的问题，我们松松今天可是学到了不少呢。

我们还可以利用原子栽培出更好的农作物。

利用原子能获得我们
生活所需的电力。

利用原子制造出治疗所需的医疗设备，如 X
射线和 MRI（核磁共振成像）检查设备。

获取开发太空
所需的能量。

在建筑物或桥梁强度
的检测机器中也利用
到了原子。

在人们的日常生活中，原子能的使用十分普遍。

27

嘭，玉米变大了！

喜欢香甜酥脆的爆米花吗？爆米花是用什么做成的呢？
它是用金黄的玉米粒做成的。小小的玉米粒变成了大爆米花。
是因为构成它的分子变大了吗？
亲手制作一次爆米花，一起来找出答案吧。

准备材料　玉米粒、黄油、盐、微波炉、透明的玻璃器皿（带盖）
实验方法

1. 准备好玉米粒。

2. 玻璃器皿中放入黄油，铺上一层玉米粒，再撒些盐。

3. 盖上盖子，放入微波炉转 5 分钟。

4. 中途观察微波炉内部情况。注意不要长时间盯着微波炉。

5. 取出玻璃器皿，观察玉米粒的形状。玉米发生了怎样的变化？

实验结果

为什么会这样呢？

玉米粒"嘭"地爆裂变大，像雪花一样。其实这并不是构成玉米粒的分子变大，而是玉米粒分子之间的水被微波加热变成了水蒸气。由于体积急剧膨胀，玉米粒也就随之变大了。原来是因为构成玉米粒的分子，相互之间的间距变大，所以才变成了爆米花的呀。

黄豆与小米混合后总体积变小了？

将两种颗粒大小不同的物质等量混合。

在另一组实验中混合等量的颗粒大小相同的物质。

猜一猜两组实验的总体积分别是多少？

根据颗粒大小的不同，其总体积也会随之发生变化。

这是为什么呢？

让我们一起通过混合黄豆和小米的实验，来寻找答案吧。

实验材料　黄豆、小米、几个带有刻度的量杯

实验方法

1. 分别在两个量杯中倒入 100 毫升的黄豆。

2. 将两杯黄豆倒入一个大量杯中，测量总体积。

3. 用小米重复上述实验。

4. 将 100 毫升的黄豆与 100 毫升的小米倒入一个大量杯中，测量总体积。

5. 体积发生了怎样的变化？

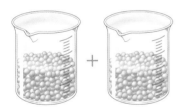
黄豆 100 毫升　黄豆 100 毫升

小米 100 毫升　小米 100 毫升

黄豆 100 毫升　小米 100 毫升

实验结果

黄豆 200 毫升

小米 200 毫升

黄豆 + 小米 160 毫升

为什么会这样呢？

黄豆与黄豆的混合、小米与小米的混合实验中，总体积均未发生变化。但黄豆和小米的混合总体积却变小了。这是因为小米填充在了黄豆颗粒的空隙之间。其实分子与分子之间也存在这样的空隙，所以将大小不同的分子混合的话，其总体积会减小哦。

提问 还有比原子更小的颗粒吗？

原子由原子核与电子组成。由质子和中子形成的原子核位于原子的中心，而电子则围绕着原子核做绕核运动。像质子、中子和电子这些构成原子的微小颗粒被称为基本粒子。

但随着科学的不断发展，有人提出这些基本粒子是由更小的物质构成的。这种物质就叫做夸克，但其性质目前仍有待研究。

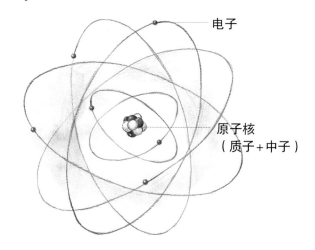

电子

原子核
（质子＋中子）

提问 原子和元素有什么区别呀？

喜欢吃米饭吗？我们吃的每一碗米饭都是由一粒粒大米集合而成的。原子与元素之间的关系就像一粒米饭与一整碗米饭之间的关系。几个具有相同性质的原子们聚集在一起就形成了一个元素。元素具有区别于其他物质的独特属性，且无法再分解出其他物质。组成该元素的原子是元素能够存在的最小单位。比如炒饭，混合了多种物质在一起，我们就不能称它为元素啦。

提问 铀与核能之间有什么关系呀？

铀是一个质量很重的元素。一个铀原子要比一个氢原子重大约230倍。用中子撞击铀核，就会分裂出2个甚至3个原子核，在这一过程中会产生巨大无比的能量，人们将利用这种能量发电的方式称为核能发电。

就我一个也能轻松解决掉它们！

铀原子

我们加起来，可足足有230个啊……

氢原子

提问 什么叫放射性？

铀等物质的原子核分裂成另一种物质时，会发出一种波长较短的射线，比如 α（阿尔法）射线、β（贝塔）射线和 γ（伽马）射线。人们把原子核分裂时会产生射线的物质称为放射性物质。像铀、镭、氡、铅和钚等都属于放射性物质，它们放出的辐射对我们身体的危害非常大。

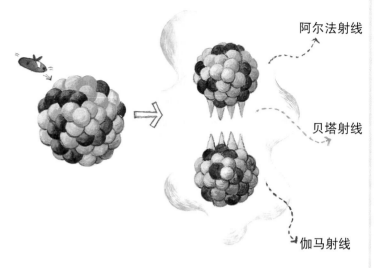

阿尔法射线

贝塔射线

伽马射线

辐射比太阳光还有 X 射线都要强，它们可以穿过混凝土墙甚至是钢板哦。因此必须将这些放射性物质装在特殊容器里，并且埋到地下深处才行。核能发电后留下的核废料也是强放射性物质，同样也需要我们用特殊方式进行处理哦。

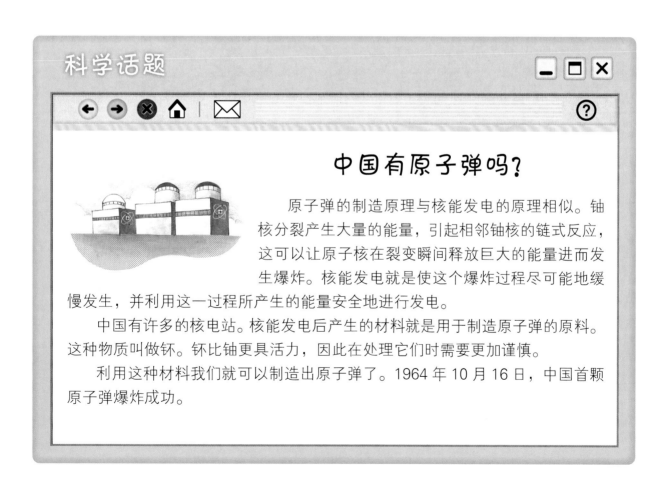

科学话题

中国有原子弹吗？

原子弹的制造原理与核能发电的原理相似。铀核分裂产生大量的能量，引起相邻铀核的链式反应，这可以让原子核在裂变瞬间释放巨大的能量进而发生爆炸。核能发电就是使这个爆炸过程尽可能地缓慢发生，并利用这一过程所产生的能量安全地进行发电。

中国有许多的核电站。核能发电后产生的材料就是用于制造原子弹的原料。这种物质叫做钚。钚比铀更具活力，因此在处理它们时需要更加谨慎。

利用这种材料我们就可以制造出原子弹了。1964 年 10 月 16 日，中国首颗原子弹爆炸成功。

1 下列选项中，具有物质化学性质的最小颗粒是

☐ 分子
☐ 原子

2 下列物质中不是从大自然中直接获取的是

☐ 肉类
☐ 谷物
☐ 树木
☐ 塑料

3 下列选项中，不是由气体分子构成的是

☐ 氧气
☐ 氮气
☐ 丁烷
☐ 盐

4 下列哪个选项是利用了原子能为人类的生活提供所需的？

☐ 核电站
☐ 原子弹

1. 分子 / 2. 塑料 / 3. 盐 / 4. 核电站

科学原理早知道 物质世界

推荐人 朴承载 教授（首尔大学荣誉教授，教育与人力资源开发部科学教育审议委员）
作为本书推荐人的朴承载教授，不仅是韩国科学教育界的泰斗级人物，创立了韩国科学教育学院，任职韩国科学教育组织联合会会长，还担任着韩国科学文化基金会主席研究委员、国际物理教育委员会（IUPAP-ICPE）委员、科学文化教育研究所所长等职务，是韩国儿童科学教育界的领军人物。

推荐人 大卫·汉克（Dr.David E.Hanke）教授（英国剑桥大学教授）
大卫·汉克教授作为本书推荐人，在国际上被公认为是分子生物学领域的权威，并且是将生物、化学等基础科学提升至一个全新水平的科学家。近期积极参与了多个科学教育项目，如科学人才培养计划《科学进校园》等，并提出《科学原理早知道》的理论框架。

编审 李元根 博士（剑桥大学理学博士，韩国科学传播研究所所长）
李元根博士将科学与社会文化艺术相结合，开创了新型科学教育的先河。
参加过《好奇心天国》《李文世的科学园》《卡卡的奇妙科学世界》《电视科学频道》等节目的摄制活动，并在科技专栏连载过《李元根的科学咖啡馆》等文章。成立了首个科学剧团并参与了"LG科学馆"以及"首尔科学馆"的驻场演出。此外，还以儿童及一线教师为对象开展了《用魔法玩转科学实验》的教育活动。

文字 表淳国
首尔教育大学毕业后，继续就读于汉阳大学研究生院，现为首尔水落小学的一线教师。致力于儿童科学教育，积极参与小学教师联合组织"小学科学守护者"，并在小学科学教室和小学教师科学实验培训中担任讲师。科学源于每一个很小的兴趣，而这微弱渺小的源头也许能在将来孕育出巨大的成就，这就是科学的魅力。

插图 洪智慧
主修环境设计，现在是一名插画家。喜欢一个人做白日梦，梦想是与世界各地的孩子成为朋友。代表作品有《圆形世界里的小方块》《魔法变变变，变成车轮！》《杰伊的英语冒险》等。

北京市版权局著作权合同版权登记号：01-2022-3280

图书在版编目（CIP）数据

世界上最小的颗粒 /（韩）表淳国文；（韩）洪智慧绘；祝嘉雯译.—北京：化学工业出版社，2022.6
（科学原理早知道）
ISBN 978-7-122-41009-2

Ⅰ.①世… Ⅱ.①表…②洪…③祝… Ⅲ.①分子—儿童读物②原子—儿童读物 Ⅳ.①O561-49②O562-49

中国版本图书馆CIP数据核字(2022)第048875号

责任编辑：张素芳
责任校对：王 静
装帧设计：盟诺文化
封面设计：刘丽华

出版发行：化学工业出版社
　　　　　（北京市东城区青年湖南街13号 邮政编码100011）
印　装：北京华联印刷有限公司
889mm×1194mm 1/16 印张2¼ 字数50千字
2023年1月北京第1版第1次印刷

购书咨询：010-64518888
售后服务：010-64518899
网　址：http://www.cip.com.cn
凡购买本书，如有缺损质量问题，本社销售中心负责调换。

定　价：25.00元　　　　　版权所有 违者必究